AF339582

Des Méthodes Naturistes
EN FRANCE

HYDROTHÉRAPIE et KNEIPPISME

Villa de la Santé

PAR

LOUIS GERDEBAT

Membre de la Société des Gens de Lettres

PARIS

LEMERRE, Libraire-Éditeur

23, passage Choiseul, 23

1904

HYDROTHÉRAPIE & KNEIPPISME

Villa de la Santé

Des Méthodes Naturistes

EN FRANCE

HYDROTHÉRAPIE et KNEIPPISME

Villa de la Santé

PAR

LOUIS GERDEBAT

Membre de la Société des Gens de Lettres

PARIS

LEMERRE, Libraire-Éditeur

23, passage Choiseul, 23

1904

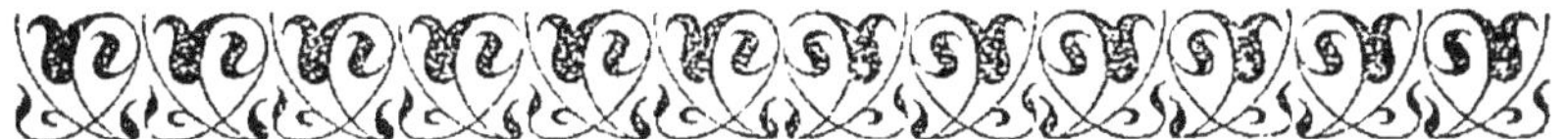

PRÉFACE

Mon Confrère et Ami, Louis Gerdebat, m'écrit pour me faire part d'un projet très louable, qu'il vient d'élaborer, projet excellent auquel je m'associe bien volontiers.

« Nous avons fait, l'été dernier, ma femme et moi,
« me dit-il, une cure d'air tellement agréable, et
« grandement bienfaisante, à la Maison de Santé du
« Point-du-Jour, à Lyon, maison fondée en 1880, par
« M. Auzolle, que je me crois presque obligé de
« publier, par reconnaissance, quelques notes sur
« cette hospitalière et incomparable maison.

« Si vous vouliez bien écrire pour mes notes,
« quelques mots de préface, vous me feriez le plus
« grand plaisir. »

Pour faire plaisir à mon excellent ami, je me mets immédiatement à l'œuvre, après avoir lu son très intéressant opuscule ; et comme les préfaces les plus courtes sont les meilleures, qu'il me permette de résumer la mienne dans le sonnet suivant, que j'adresse à M. Auzolle :

Auzolle, je t'admire en ton œuvre féconde :
Ta Maison de Santé, cet Eden lyonnais ;
Son renom bienfaisant se répand sur le monde,
Et par l'air, et par l'eau, l'homme dit : Je renais !....

Kneipp a tracé la voie, et la foule y abonde.
Prêtre, que penserais-tu, si tu revenais
Parmi nous? —Vois, partout le kneippisme se fonde! —
A Lyon, tu dirais : Là, je me reconnais !

Villa de la Santé, dans l'Institut Auzolle,
Ta méthode fait prime et guérit et console,
Ton culte est en honneur et ton nom respecté.

Le Naturisme, en France, a de fervents adeptes,
Ecoutant tes avis, imbus de tes préceptes.
Ils conduisent ton nom à l'immortalité !

Sophronyme LOUDIER.

Des Méthodes Naturistes en France

HYDROTHÉRAPIE [1] et KNEIPPISME

Villa de la Santé

Après avoir villégiaturé, l'été dernier (1903), dans l'Est de la France, et principalement à Plombières-les-Bains, la reine des villes d'eaux des Vosges, nous avons tenu, ma femme et moi, avant de réintégrer Nice, à faire une cure dans un institut médical kneippiste et naturiste de Lyon, qu'on appelle *Villa de la Santé*, dont nous avions entendu dire le plus grand bien. Cet institut se trouve dans le 5ᵐᵉ arrondissement de Lyon, au lieu dit : *Point-*

---

(1) On donne le nom d'hydrothérapie à l'usage thérapeutique externe de l'eau sous différentes formes et à des degrés déterminés. L'eau a été utilisée, comme moyen curatif et comme agent hygiénique, dès la plus haute antiquité, très longtemps avant Moïse (1605 ans avant notre ère) qui, lui, en prescrivait l'emploi. D'après Rabbi Hanina, médecin fameux et contemporain de Samuel, juge d'Israël (1132-1043 avant Jésus-Christ), l'eau froide et les onctions d'huile étaient le meilleur moyen de vivre longtemps. Rabbi Hanina attribuait à la cure d'eau la vigueur et la santé dont il jouissait à 80 ans.

du-Jour, à très peu de distance de la célèbre Basilique de Fourvières et à quelques minutes du centre de la ville.

Je m'empresse d'ajouter que nous avons trouvé à la *Villa de la Santé* le meilleur et le plus gracieux accueil ; le séjour que nous y fîmes fut pour nous aussi bienfaisant qu'agréable...

Ce qui, sans doute, nous valut cet accueil si bienveillant, c'est qu'on connaissait déjà, à la *Villa de la Santé*, l'intérêt que j'ai toujours porté aux méthodes de thérapeutique physiques et naturelles ; cet intérêt, je l'ai exprimé dans quelques articles parus jadis dans le *Monde Thermal*.

Les longues causeries que j'eus l'honneur d'avoir à la *Villa de la Santé* avec M. Auzolle, directeur de l'institut, et avec le docteur E. BONNAYMÉ, médecin naturiste et kneippiste, attaché à l'établissement, jointes à l'examen des méthodes appliquées et à leurs heureux résultats, m'incitèrent à consigner et à publier quelques notes rapides sur cet important sujet.

Il me semble qu'en France, les méthodes naturistes et physiques, pour le traitement de certaines maladies, méthodes qui consistent à employer isolément ou simultanément des agents naturels, tels que l'eau, l'air, la lumière, l'électricité, le massage, la gymnastique, etc., ne sont pas appréciées à leur juste valeur, aussi bien par le corps médical que par le monde des malades.

C'est à peine si quelques timides tentatives ont été faites pour acclimater, chez nous, cette thérapeutique, si justement utilisée et appréciée ailleurs...

Non, je n'hésite pas à le dire, la France n'a pas encore abordé, comme elle aurait pu le faire, comme elle aurait dû le faire, cette très intéressante question.

Combien la Suisse, l'Autriche, l'Angleterre, la Suède, la Russie et surtout l'Allemagne nous sont supérieures à ce point de vue ! ! !

Toutes ces puissances ont fait au traitement hydro-thérapique un très bon accueil, mais l'Allemagne tient le premier rang : les établissements naturistes de toutes sortes y pullulent ; les médecins qui préconisent et emploient, exclusivement, la thérapeutique physique, y sont très nombreux, et nous pouvons ajouter que la plupart des malades se trouvent bien d'avoir abandonné les drogues et les poisons de la pharmacopée, pour utiliser les propriétés curatives de l'eau, de l'air, de la lumière, de l'électricité, du massage (1), de la gymnastique...

Le peu de vogue des méthodes naturistes et la rareté de leur usage, en France, tient évidemment à des causes multiples, mais la principale me paraît être l'extrême réserve, je dirai presque l'obstructive opposition du corps médical français...

Comment expliquer autrement un tel sentiment et une telle façon de faire chez ce corps médical, si remarquable à tant d'autres points de vue, chez ce corps médical, dont la science est au moins égale si non supérieure à celle des meilleurs corps médicaux étrangers ?

Ce n'est assurément pas, quoique je l'aie entendu dire, parce que la plupart des *initiateurs* de ces systèmes naturistes étaient de *profanes* guérisseurs, n'appartenant pas à la docte faculté ! ! !

Quoiqu'il en soit, les médecins allemands n'ont pas hésité à reprendre, pour les appliquer d'une façon plus rationnelle et plus scientifique, les procédés que les Priessnitz, les Kneipp et autres

---

(1) Le massage est le complément pratique de l'hydrothérapie.

faiseurs de cure d'air, de lumière, de cures mécaniques avaient eux-mêmes emprunté à l'éternelle médecine (1).

Je crois plutôt trouver le principal motif dans cet aveu du docteur E. Bonnaymé, me disant avoir été obligé, ses études médicales terminées, à la faculté de Lyon, de piocher les auteurs étrangers et d'aller faire un long stage d'études spéciales en Allemagne. Faut-il conclure de cet aveu que nos médecins français connaissent trop imparfaitement cette thérapeutique physique, naturiste pour l'appliquer lorsque les *drogues* font faillite, et dans les cas où la simple nature domestiquée (qu'on me permette le mot) serait préférable aux meilleures *drogues ! ! !*... Je n'ose me prononcer...

Cependant, si je suis bien informé, je crois qu'il n'existe, en France, aucun enseignement spécial à ce sujet. Ce n'est qu'incidemment, au cours des études médicales, qu'on aborde, très superficiellement, les questions de cet ordre. A l'étranger, il n'en est pas de même : des chaires spéciales ont été créées dans plusieurs universités et quelques professeurs se sont fait un *nom* dans ces spécialités naturistes ; on rencontre des instituts et des établissements modèles un peu partout. Pour ne citer qu'un nom, Winternitz, à Vienne (Autriche), est universellement

---

(1) Priessnitz et Kneipp considèrent le traitement des maladies par l'eau froide comme une panacée *infaillible*. C'est à Priessnitz (1799-1851) qu'on attribue généralement la création de l'*hydrothérapie*. Après avoir éprouvé sur lui-même les incontestables bienfaits de l'eau froide, Priessnitz fonda, en 1826, à Græfenberg (Autriche-Hongrie), son village natal, un établissement hydrothérapique dans lequel un très grand nombre de guérisons furent obtenues. Sa doctrine repose sur *trois* principes hygiéniques : l'eau, l'exercice, le régime. Priessnitz recommande surtout l'enveloppement de la partie malade dans un drap *mouillé*.

apprécié pour son enseignement hydrothérapique.

En France, on est à se demander où est l'ensei-seignement hydrothérapique ? Où sont les traités anciens ou récents sur cette si intéressante matière ? Ils sont bien rares, s'il en existe réellement.

Voilà déjà longtemps que le docteur Fleury est mort !... (1).

Un étudiant en médecine, de mes amis, me disait dernièrement : « Bien des fois, j'ai lu dans mes « manuels médicaux, et j'ai entendu dire à la cli- « nique, que l'hydrothérapie donnait de bons « résultats dans le traitement de telles et telles « maladies, mais jamais je n'ai pu savoir par quel « mode, par quel procédé hydrothérapique ces « résultats étaient obtenus. »

Il est cependant un fait indéniable, ai-je simplement répondu à mon ami, qui est, comme moi, persuadé que l'hydrothérapie, que l'usage de l'eau comme agent hygiénique est, aujourd'hui, immensément varié dans ses moyens et dans ses effets.

Voyez quelle richesse de procédés, quelles res-sources thérapeutiques on trouve dans l'emploi méthodique et rationnel des douches (jet, pression), des affusions (sans pression), des immersions, des ablutions, des enveloppements, secs ou humides ; dans ces applications hydrothérapiques partielles ou locales, et, enfin, dans toute la gamme des durées et des températures, depuis la glace jusqu'à la vapeur.

Cela dit, je m'arrête, car, moi profane, il ne me siérait guère, même en m'inspirant du système kneippiste, d'avoir l'air d'empiéter sur le domaine purement médical.

____

(1) On doit au docteur Fleury des travaux très intéressants sur l'hydrothérapie.

Le très éminent docteur E. BONNAYMÉ, dont j'ai déjà parlé. est, quoique profondément éclectique, un hydrothérapeute convaincu. Il se sert volontiers, chaque fois qu'il le peut et que cela convient, de l'hydrothérapie (1).

Sachant qu'il ne craignait pas de s'inspirer du kneippisme, je me permis de l'interwiever sur Kneipp et sa méthode.

Voici, à peu près et en raccourci, ce qu'il m'apprit :

« Kneipp (1821-1897), le père du kneippisme, était
« curé d'un tout petit village de la Bavière
« (Wœrishofen), qui est aujourd'hui, grâce à lui,
« une ville d'eau très fréquentée (2).
« La méthode de Kneipp, dont les effets sont, à
« mes yeux, indéniables, ne prit une grande exten-
« sion que vers 1886, date de la publication du livre :
« **Ma Cure d'eau** ». Depuis la mort de Kneipp,
« son système ne cesse de progresser, surtout en
« Allemagne.
« La méthode de Kneipp a pour bases l'hydro-
« thérapie, une médication par les plantes et un
« régime. Au point de vue hydrothérapique, Kneipp
« use de tous les procédés, mais il donne toutefois
« la préférence aux affusions froides et partielles,
« peu utilisées avant lui : affusions, c'est-à-dire
« l'eau versée sans pression sur telle ou telle partie
« du corps. En second lieu, Kneipp a perfectionné

---

(1) D'accord avec les spécialistes allemands, le docteur Bonnaymé croit que l'hydrothérapie doit être regardée comme un agent hygiénique et thérapeutique de premier ordre.

(2) L'abbé Kneipp, s'appuyant sur une observation personnelle, prêcha la guérison de toutes les affections par l'usage exclusif de l'eau, sous toutes ses formes, et on peut dire que les guérisons, parfois inespérées, obtenues par l'hydrothérapie, lui ont valu la grande renommée dont il jouit.

« la technique des applications d'eau, en s'attachant
« à décrire minutieusement les procédés.

« Enfin. Kneipp a raccourci considérablement la
« durée des bains froids. qui n'est plus que de
« quelques secondes. Tout de suite après le bain
« il fait faire de la réaction, qui réchauffe le corps
« naturellement.

« Telle est la clef de voûte de tout son système.

« D'après Kneipp, la réaction combat la mau-
« vaise circulation du sang et l'accumulation des
« principes morbides, qu'il pense être la cause des
« maladies.

« Comme régime, Kneipp conseille une vie régu-
« lière, une nourriture simple, non excitante,
« mixte, plutôt végétale ; il prise fort le pain com-
« plet ou pain avec le son, les purées de légumi-
« mineuses et de céréales.

« Il réforme aussi l'habillement : il proscrit le
« corset, les cols hauts et étroits, les vêtements
« trop serrés, les souliers, qu'il remplace par des
« sandales, qu'il considère comme plus hygiéniques ;
« pas de laine ou de toile fine au contact de la peau ;
« il leur substitue une toile grossière, lin de préfé-
« rence, qui aide à la réaction et permet l'aération
« de la peau.

« Les plantes employées pour la méthode Kneipp
« sont choisies, en général. parmi les plus com-
« munes et les plus salutaires. D'après Kneipp, ces
« plantes contribueraient beaucoup au succès de la
« cure d'eau et en abrégeraient même la durée.
« On y ajoute quelques autres remèdes simples et
« on s'abstient, à peu près toujours, des drogues
« chimiques et toxiques.

« En résumé, le docteur Bonnaymé estime que la
« méthode kneippiste est une simplification de
« l'hydrothérapie et de la médecine. Elle permet,

« grâce à la douceur et à la variété de ses appli-
« cations et à l'emploi des affusions partielles de
« mieux individualiser le traitement et de se servir
« de l'eau froide, généralement plus efficace, même
« dans des cas où on ne pouvait l'utiliser aupara-
« vant. Donc, cette méthode doit être considérée
« comme un progrès hydrothérapique véritable
« et parfaitement scientifique. D'abord, cette mé-
« thode est très efficace dans les maladies nerveuses
« de toute espèce, même contre celles déjà traitées
« sans succès par l'hydrothérapie classique ; elle
« offre aussi le meilleur moyen de guérir toutes les
« affections occasionnées par le ralentissement de
« la nutrition ou *arthritiques*, telles que : le rhuma-
« tisme, l'obésité, les coliques hépatiques et néphré-
« tiques, le diabète, les varices, les hémorroïdes,
« la migraine, la goutte. etc.. etc.

« Elle agit encore merveilleusement dans les
« diverses formes d'anémie.

« On peut dire que Kneipp a expérimenté sa
« méthode sur toutes les maladies.

« Or, si dans une foule de cas elle ne constitue
« pas, à elle seule, le meilleur des traitements, elle
« reste toujours un adjuvant et un auxiliaire puis-
« sant. C'est, par excellence, le procédé de toni-
« fication et d'équilibration dans l'organisme
« humain. »

Tels sont, à peu près, les détails que M. le docteur Bonnaymé a eu l'extrême bonté de me donner
sur le kneippisme et son auteur.

Devant cette appréciation, peut-être quelque peu
élogieuse, mais certainement très sincère et très
fondée, je ne puis m'empêcher de faire un rappro-
chement avec la boutade, déjà lointaine, d'un autre
docteur, bien connu, professeur à la Faculté,

aujourd'hui gros bonnet de la politique avancée, à Lyon.

Ce cher docteur, qui, vraisemblablement, n'avait jamais lu aucun ouvrage de Kneipp ou de ses disciples, disait que « *le kneippisme avait eu l'avantage de faire laver bien des pieds sales.* »

Si je cite cette plaisanterie, car c'en est une, c'est parce qu'elle corrobore la thèse que je soutenais plus haut sur la conduite des médecins français. en général, vis-à-vis des méthodes de thérapeutique physique et naturiste.

Je crois que je ne saurais mieux terminer ce trop court aperçu sur l'hydrothérapie, — dans l'intérêt de mes lecteurs, — que par quelques lignes sur la *Villa de la Santé*, où j'ai séjourné pendant quelque temps et de laquelle, je le répète, j'ai conservé un excellent souvenir.

La Villa de la Santé, du Point-du Jour est, à la fois, *Maison de santé, de repos, de convalescence, de cure d'air incomparable, et Institut hydrothérapique et de médications physiques.*

La Villa de la Santé s'élève dans un des coins les plus délicieux. les plus tranquilles et les plus sains de la grande cité lyonnaise, à l'extrémité du plateau de Fourvières (300 mètres d'altitude), dont le nom rappelle la monumentale basilique de la Vierge.

Aussi, les débilités, les convalescents des deux sexes. de tous les âges s'y donnent-ils volontiers rendez vous et ont-ils toujours lieu de s'en féliciter, puisqu'ils s'en retournent, ou complètement guéris ou tout au moins considérablement réconfortés.

Quelques vieux rentiers ont fait choix de cette charmante Thébaïde pour y vivre, loin des bruits de la rue et des vaines agitations de l'existence, dans le calme le plus profond et la paix la plus sereine ;

ils vivent là heureux et tranquilles, respirant l'air le plus pur, jouissant des soins les plus empressés et de tout le confort désirable.

C'est en 1880 que cette maison hospitalière par excellence fut fondée par *M. J. Auzolle* (1). Depuis cette date, grâce aux multiples améliorations que lui suggéraient et les conseils des médecins et sa propre expérience, le fondateur a maintenu son œuvre au premier rang des organisations similaires.

La *Villa de la Santé* se trouve dans un très beau parc de près de trois hectares, où les massifs fleuris alternent avec les vertes et riantes pelouses et les bosquets ombreux. Là, s'élèvent plusieurs pavillons d'habitation fort coquets, qui ne comptent pas moins de *cinquante* chambres très confortables, plus une immense et fort belle salle de société, de récréation et de *réaction*, des salles de bains et de douches ; des jeux variés : tennis, croquet, boules, etc., etc.

Quant à l'alimentation, dont l'importance est capitale pour une bonne *cure*, elle y est à la fois variée et abondante, et toujours conforme aux principes de l'hygiène et pouvant facilement se spécialiser, pour les personnes qui ont prescription d'un *régime* (2).

---

(1) Le fils aîné du Directeur de la Maison de Santé du *Point-du-Jour*, M. Hippolyte Auzolle, est à la veille d'être reçu docteur en médecine ; il termine actuellement ses études médicales à la Faculté de Lyon, où il se *spécialise*, m'a-t-on dit, dans les connaissances qui ont pour but la guérison des *affections* nerveuses.

(2) Le bon lait faisant partie de ce régime, je crois devoir dire qu'il y a, à la Villa de la Santé, quelques belles vaches qui en fournissent d'excellent.

Je dirai, enfin, que la Villa de la Santé possède un magnifique vignoble et un immense verger, couvert d'arbres fruitiers, qui permettent de faire, quand le moment est venu, des cures de raisins et d'autres fruits.

Les pensionnaires de la Villa de la Santé font dans le voisinage de fort belles excursions : ils *peuvent* visiter, sans fatigue, les aqueducs romains de Bonnand et Chaponost, l'ermitage du Mont-Ceindre, Charbonnières-les-Bains, Izeron, etc., etc.

Le tramway électrique, qui part de Lyon (avenue de l'Archevêché) et va à Francheville, en passant par les Minimes et Saint-Just, s'arrête devant la porte de la Maison de Santé, ce qui permet aux pensionnaires de gagner, si cela leur fait plaisir, le centre de Lyon en quelques minutes.

Tous ces avantages et ces multiples moyens de locomotion, joints à un traitement hydrothérapique parfait, ont justement établi et entretiennent le bon *renom* de la Villa de la Santé. Beaucoup de médecins confient à cet établissement leurs malades et leurs convalescents ; ils ont, d'ailleurs, toute facilité pour les visiter et leur continuer leurs soins.

Je dirai, en terminant, que la Villa de la Santé a adopté, depuis 1892, avec un réel succès, le caractère plus spécial d'*Institut* Kneipp et de Médication physique.

C'est, du reste, à ce titre que le docteur Bonnaymé, de la Faculté de Lyon, médecin naturiste de l'Institut du Point-du-Jour, traducteur de :

Un Progrès de l'Hydrothérapie, de Baumgarten, rédacteur à la *Revue générale de la Méthode Kneipp*, auteur et traducteur de nombreux et importants travaux, y est particulièrement attaché.

Le docteur Bonnaymé visite chaque matin ses malades et applique, avec des succès constants, le résultat de ses études spéciales sur le Naturisme, l'Hydrothérapie et la Thérapeutique physique.

Louis GERDEBAT.

Fécamp. — Imp. réunies M.-L. Durand

FAC ET SPERA
AL

www.ingramcontent.com/pod-product-compliance
Lightning Source LLC
Chambersburg PA
CBHW061836060726
47597CB00008B/3525

* 9 7 8 2 0 1 3 0 3 6 4 9 8 *